AF591817

CONSIDÉRATIONS

SUR

LA TONTE DES GROS ANIMAUX DOMESTIQUES,

ET

EXAMEN DE L'OPINION DU MÉDECIN VÉTÉRINAIRE *NOYEZ.*

PAR

J. C. FAVRE D'ÉVIRES,

Ancien Répétiteur à l'École Royale vétérinaire de Lyon; Vétérinaire épizooastre du ci-devant dép.[t] du Léman; actuellement Médecin vétérinaire de la République et Canton de Genève; Membre, Collaborateur, et Correspondant de diverses sociétés d'agriculture, d'économie rurale, et histoire naturelle.

Sin quid melius habes, arcesse, vel imperium fer.
Hor. epist. ad Torq.

GENÈVE,
J. J. PASCHOUD, Imprimeur-Libraire.
PARIS,
Même maison de commerce, rue Mazarine N.° 22.
1819.

AUX

MANES DE HÉNON,

ANCIEN PROFESSEUR DE MÉDECINE VÉTÉRINAIRE, DIRECTEUR-ADJOINT DE L'ÉCOLE VÉTÉRINAIRE DE LYON, MEMBRE DE DIVERSES ACADÉMIES.

Si, du fond de leurs sombres demeures, ceux qui ont vécu sont encore sensibles à ce qui se passe sur les lieux qu'ils habitèrent; si nos accens peuvent arriver jusqu'à eux, à travers le silence, le froid et la nuit des tombeaux; ou si, fidèles à leurs affections premières, quoique arrivés au-delà des limites de la vie, leurs ombres légères visitent ce qui fut l'objet de leur sollicitude, ton ombre, ô vertueux Hénon, se plaît avec tes élèves; elle les entoure, échauffe leurs cœurs, excite leur émulation, anime leur courage, et leur inspire l'amour du vrai. Telle est, an retour du printemps, la douce haleine du zéphyr; elle pénètre les végétaux assoupis, les vivifie, et développe en eux les germes de la fécondité. C'est encore le souffle de ton génie qui enhardit la plume de tes disciples; ta bienveillance encourageante sourit à leurs efforts, leur montre la route des succès, et y soutient leurs pas chancelans.

Salut, mânes chéris! salut, amour et reconnoissance, mânes du professeur habile sans ostentation, savant sans pédanterie, bon par caractère, et complaisant sans partialité et sans foiblesse.

Déjà neuf ans se sont écoulés depuis que Hénon n'est plus! et le génie de la science vétérinaire plane encore sur la France, le front ceint d'un long crèpe funèbre, consterné de la perte qu'il a faite, incertain s'il pourra la réparer.

Déjà neuf ans se sont écoulés! et la tombe solitaire du digne successeur des

Bourgelat n'a d'autres ornemens que le mérite de celui qu'elle renferme. C'est donc en vain pour sa mémoire que Hénon aura, pendant trente-cinq ans, enrichi par ses travaux et par ses découvertes, la science qu'il a honorée par ses succès! (1)

---

(1) Jacques-Marie Hénon occupa pendant trente-cinq ans la place de professeur, premièrement à l'école vétérinaire d'Alfort, puis à celle de Lyon, où il mourut le 7 Mai 1809. Il fut passionné pour la science qu'il a cultivée; et, après avoir vécu en sage, et souffert en philosophe, pendant plus d'une année, les douleurs atroces d'un squirre au pylore, il quitta la vie sans remords, sans désirs, et sans crainte. On l'a enseveli, d'après sa recommandation, sans aucun faste, dans le bosquet qui domine le jardin botanique de l'école. Une simple balustrade de fer enceint le terrain qui le couvre. L'anatomie lui doit la découverte du muscle *accélérateur du canal thorachique* (en 1777: Recueil des actes de la société de santé de Lyon, tome I, fol. 414 et suiv.); la description *des sinus aériens, des apophyses cornifères* des ruminans, etc.; la physiologie, la cause des *pleurs du cerf*, lorsqu'il est forcé; la pathologie, un mémoire sur le *tournis des bêtes à laine* (Recueil cité, tome I, fol. 400); la chirurgie opératoire, le perfectionnement de l'opération *du javard encorné*, que Lafosse père, qui en est l'inventeur,

O vous tous, qui fûtes ses collègues ou ses disciples, quelle force a condamné au silence votre admiration oisive? Quel charme étouffe la voix de votre reconnois-

---

faisoit en extirpant le cartilage par en haut. Il a perfectionné le *sagittaire*, donné une meilleure dimension aux *feuilles de sauge*, et inventé un *bronchotôme* qui réunit la facilité à la promptitude, etc. Il est l'auteur d'un *traité de l'art d'empailler les oiseaux*, dans la rédaction duquel il a eu pour collaborateur M. Mouton Fontenille. Les cabinets des écoles vétérinaires de Lyon et d'Alfort montreront avec orgueil, aussi long-temps qu'elles les conserveront, les pièces d'anatomie qu'il a préparées. Le cabinet de Lyon possède, entr'autres, une névrologie complète de femme, chef-d'œuvre peut-être inimitable. Hénon cultiva avec succès toutes les branches de la science vétérinaire, et fut surtout anatomiste consommé, praticien heureux, opérateur habile, et bon démonstrateur. Jamais il ne sera surpassé dans les préparations d'animaux pour les collections de cabinet: vitesse et dextérité dans l'opération, soins et propreté dans la manipulation, élégance des formes, vérité et expression des attitudes, l'animal paroissoit, au sortie de ses mains, rendu à la vie, mais embelli, plus svelte et plus élégant qu'avant sa mort. Cependant, trop indifférent sur sa réputation, Hénon a trop négligé de léguer son nom à la postérité. Il a laissé une anatomie manuscrite qui pèche, peut-être, par trop d'exactitude et de détails.

sance ? Quelle puissance enchaîne vos mains tardives à venir orner de guirlandes la tombe sur laquelle il n'a été jeté que quelques fleurs passagères ? (1). Il m'étoit donc réservé le triste, mais glorieux avantage d'y venir le premier déposer mon offrande ! Reçois cet hommage de mes regrets, ô mon ancien maître ! C'est le tribut

---

(1) Un des membres du juri d'instruction de l'école vétérinaire de Lyon prit le sujet de la mort de Hénon, pour fournir un discours le jour de la distribution des prix. « Nous jetons à la hâte quelques fleurs sur sa » tombe, disoit l'orateur, en attendant que nous l'en » couvrions toute entière. » (Les morts sont heureux en ce qu'ils ne trouvent pas le temps long). M. Bredin fils, alors professeur d'anatomie, lut le même jour, 10 Mai 1809, une notice sur la vie et les travaux de son collègue. La reconnoissance et l'amitié ont dicté quelques phrases à M. Mouton Fontenille, insérées dans le compte rendu des travaux de la société d'agriculture de Lyon, pour l'année 1809 ; et l'année suivante, M. Gronier, professeur vétérinaire, paya à la mémoire de Hénon un tribut d'éloges dans une séance publique de l'académie de Lyon. Enfin le professeur Goyer, qui lui a succédé dans l'enseignement de la pathologie, a grossi le premier volume de ses mémoires et observations, etc., de deux petites notes au sujet de son prédécesseur.

de ma reconnoissance, et le premier essai de mes forces. Il est foible:

Nunc agna exigui est hostia magna soli.
(Tib. eleg. divitias alius etc.)

Mais la main qui te l'offre est pure, et le motif qui la dirige est sacré: je suis devenu étranger à ta patrie, et je suis inconnu des tiens; je te fréquentai peu, mais je t'aimai beaucoup; je n'eus qu'une petite part à ton affection, mais j'en eus une honorable à ton estime. *Hoc opus, et timidæ dirige navis iter.* (Ovid. fast. lib. I.)

CONSIDÉRATIONS

SUR LA TONTE DES GROS ANIMAUX DOMESTIQUES,

ET

EXAMEN de l'opinion du Médecin vétérinaire NOYEZ.

ON tond les chevaux de trait dans le midi de la France. Cette opération, empruntée des Espagnols, se pratique pendant toute l'année, mais principalement aux approches de l'hiver. La paresse l'a imaginée, et elle a été consacrée par l'habitude. Certaines gens, qui en font métier, parcourent les campagnes, armés de longues forces, et s'en acquittent avec assez de vitesse et de dextérité. L'animal, étant ainsi pelé, sans crinière, et sans poils sur toute la moitié supérieure du corps et de l'encolure, offre un aspect triste, désagréable, j'ai presque dit hideux; et se trouve, par cette sotte manœuvre, exposé à de graves inconvéniens. Plus le tondeur est habile, plus son opération est nuisible : si c'est en été, l'animal est en proie aux mouches, exposé aux insolations, aux gerçures, aux suppressions de transpiration; non-seulement parce qu'une main barbare l'a dépouillé de la tunique dont la nature l'avoit recouvert, mais encore, à raison de ce que sa peau est devenue plus susceptible d'impression par l'action irritante des forces; et pendant l'hiver, si les insectes ne tourmentent pas les animaux récemment tondus, ceux-ci ont plus à craindre, en cette saison, les maladies cutanées et les dangers d'une transpiration supprimée.

Les bergers suisses, et la plupart de ceux des Alpes, tondent régulièrement les vaches à la fin de l'automne. On tond plus rarement les bœufs. La partie tondue forme une bande de huit à dix pouces de largeur, qui s'étend depuis la nuque, ou seulement depuis le garrot, jusqu'à l'origine de la queue, laquelle est aussi quelquefois tondue jusqu'aux trois quarts de sa longueur, et même entièrement. Ces bonnes gens le font toujours, parce qu'ils l'ont toujours vu faire. Les uns croient que les bêtes s'hivernent plus facilement; les autres, qu'elles se maintiennent plus grasses; quelques-uns pensent qu'elles sont moins sujettes aux maladies pédiculaires; d'autres trouvent que les bêtes en sont embellies, etc. Tous sont d'accord sur un seul point, *c'est l'usage.* Cependant les raisons alléguées sont ridicules (j'ai dû passer sous silence celles qui sont absurdes), et les prétendus bons effets, résultans de la tonte, une chimère. Pourquoi les bêtes s'hiverneroient-elles mieux, et plus facilement? Un berger me répondit un jour qu'il en coûtoit aux bêtes de nourrir un poil long, qui leur buvoit le sang; et je ne parvins pas à lui faire comprendre que, dans la supposition que les poils consomment une portion de sang utile à l'embonpoint, il leur en faudroit une bien plus grande quantité pour prendre un prompt accroissement, après avoir été coupés, que celle nécessaire pour se conserver dans leur longueur. (*Voy. la note à la fin.*)

Ceux qui tondent les vaches, pour les préserver des affections pédiculaires, se trompent encore. Ce ne pourroit être un préservatif que contre les poux, et seulement pour la partie tondue; et dans ce cas le préservatif est tout-à-fait illusoire. Si c'étoit au moins sur le dos que les insectes dont il s'agit, se développassent de préférence; mais on sait que c'est au fanon, aux parties latérales du cou, et derrière les oreilles. Cette pratique est inutile et indifférente pour ce qui regarde les œstres: ces larves déposées dans le cuir de l'animal en Juillet et en Août, par la mouche *Œstris bovina*, s'y nourrissent de la sanie purulente qu'elles y excitent, et y vivent dans une température toujours égale, et indépendante de la présence des poils. La tonte ne peut influer sur leur existence; car, bien loin de leur nuire, elle leur seroit plutôt favorable: chaque tumeur est percée au centre de son élévation d'un trou nécessaire à la larve qu'elle renferme, soit pour la respiration, soit pour l'expulsion des excrémens; les poils qui environnent cette ouverture, sont souvent agglutinés par la matière qui s'en échappe, de façon que, le trou se trouvant bouché, la larve périt nécessairement.

Un berger, un seul berger (et j'en ai interrogé un grand nombre), m'a donné le véritable motif de cette pratique. « Quand les » bêtes sont en bon état, me dit-il, le poil » est court, ras; il n'y a pas besoin d'étriller, » ni de bouchonner; on ne fait que passer » une brosse; mais cependant la poussière et » les bribes de foin s'arrêteroient sur le dos, » et y feroient une couche de crasse; quand » il est tondu, cela ne peut pas avoir lieu. » En effet, le dos offre une face plane, et même creusée en gouttière, si l'animal a de l'embonpoint, sur laquelle la poussière et les débris de fourrage s'arrêtent d'autant plus facilement, que là, le poil est plus droit, et qu'en se divisant le long de l'épine du dos, pour se porter à droite et à gauche, il y forme une espèce de sillon. Le berger trouve donc son compte à tondre; mais la santé des animaux, et l'intérêt du propriétaire, s'en trouvent-ils bien? Non, sans doute; car ce qui est préjudiciable à la santé du bétail, nuit nécessairement à l'intérêt du maître. Il n'y a que deux exceptions: lorsqu'on veut avoir le plus de lait possible, sans tenir compte de la qualité; et lorsqu'on veut obtenir l'excès d'embonpoint, le *fin gras*. Dans le premier cas, les vaches sont tenues chaudement, sans exercice, et dans des étables peu aérées; leur nourriture se compose d'alimens aqueux, ou délayés dans beaucoup de véhicule, ou ramollis par la cuisson. La quantité de lait devient double, ou même triple; mais il est séreux, bleuâtre, et donne en beurre et en fromage, la moitié ou les deux tiers de moins que le lait des vaches nourries convenablement pour leur santé. Les vaches ainsi entretenues ne tardent pas d'être atteintes de phthisie pulmonaire, dont un pansement de main bien fait et régulier peut cependant retarder le développement, et ralentir la marche. Il faut altérer la santé, et détruire la vigueur des animaux que l'on veut faire arriver promptement à un haut degré de graisse. Cette obésité, la *polysarcie*, est un vrai état maladif. C'est une atonie des solides, avec prédominence des fluides sanguins et lymphatiques, une stase dans le tissu adipeux, une hydropisie graisseuse, si l'on veut permettre cette expression. Une nourriture plus relâchante que tonique, qui sera remplacée insensiblement par des alimens plus nutritifs qu'abondans, une inaction parfaite, la litière propre et abondante, une température fraîche, telle que quelques degrés au-dessus de o du thermomètre de Réaumur, le silence, l'obscurité et la saignée réitérée à propos, y amènent plus ou moins promptement. Dans ce cas, et c'est le seul, tout pansement de main est inutile ou préjudiciable.

Quelle est grande l'erreur de ceux qui regardent le pansement de main comme une tâche dont ils peuvent se libérer en tondant leur bétail ! Ils estiment n'être qu'une vaine manœuvre de toilette, la chose la plus indispensable après la bonne qualité des fourrages; ils n'aperçoivent d'autre but que la propreté, ne voyent d'autre avantage qu'un coup d'œil plus flatteur, ou un peu plus d'apparence, dans ce qui est également avantageux à l'accroissement des jeunes bêtes, à la conservation de la force des adultes, et à la santé de tous les âges. C'est l'emploi de l'étrille, du bouchon et de la brosse que je veux dire, et non diverses pratiques inutiles ou puériles, bizarres ou ridicules, dangereuses ou nuisibles. Le pansement de main détache de la surface de la peau la crasse que la sueur et la transpiration y forment sans cesse; et, par ce moyen, il devient profitable, en obviant à plusieurs maux; mais il est avantageux sous plus d'un rapport: comme friction, il délasse les animaux fatigués par un travail trop fort, ou par des courses trop longues ou trop rapides; il rend la souplesse à leurs membres engourdis, en rétablissant l'équilibre interverti entre les fluides et les solides; soit qu'il agisse en dissipant le spasme de ces derniers, soit qu'il augmente leur force tonique. Il facilite la transpiration cutanée, et peut suppléer momentanément à l'exercice si nécessaire à la santé. Il remédie à partie des inconvéniens qui résultent de trop d'inaction; non-seulement en facilitant la circulation capillaire cutanée, mais encore en épanouissant les forces à la surface du corps. Il obvie de cette manière à la cumulation des forces sur les organes internes, ou remédie aux maladies qui en sont la suite, soit qu'elles aient pour cause l'excitation vitale, soit qu'au contraire il y ait engorgement ou obstruction pour cause d'atonie directe ou d'atonie secondaire. Le pansement de main est encore un bon fortifiant à raison de son action tonique et directe sur la peau, et sur les organes musculaires, dont il facilite le développement. Il agit d'une manière efficace et incontestable, quoique indirectement, ou sympathiquement, sur le poumon, laboratoire actif qui fournit à l'entretien et à toutes les dépenses des organes; comme il agit encore sur l'estomac, l'hypomochlion des forces de la machine. On sait quels puissans secours la médecine tire des frictions.

Un préjugé funeste et trop généralement répandu, fait négliger d'étriller les bœufs, et laisser les vaches sans aucun pansement. Les bœufs sont-ils donc employés à des travaux moins pénibles que ne le sont les chevaux? Les vaches ont-elles moins à craindre les mauvaises digestions? Font-elles un exercice plus régulier? L'espèce bovine est-elle moins sujette aux dartres vives et rebelles, crustacées, furfuracées, et aux affections analogues? A-t-elle la transpiration cutanée moins abondante que celle des chevaux, moins gluante, moins tenace? La comparaison est toute en faveur des ruminans; mais ils ont le malheur de n'être qu'utiles.

La paresse, le manque de soins, la négligence du pansement de main, voilà les vraies raisons qui ont établi l'usage de tondre les chevaux, les bœufs et les vaches! voilà les seuls motifs qui l'ont consacré! Cependant cette pratique, toute vicieuse qu'elle est, a trouvé un apologiste dans M. Noyez, médecin vétérinaire à Montpellier, qui l'a considérée sous le double rapport d'hygiène et de thérapeutique, dans un mémoire inséré au tome XXXV, pag. 260 et suiv. des Annales cliniques de la société de médecine pratique de Montpellier, pour le mois de Nov. 1814, avec ce long titre: *Mémoire sur la tonte des solipèdes et des autres animaux domestiques, où l'on expose les avantages de cette opération pour entretenir en santé et en vigueur surtout, les premiers de ces animaux, et pour aider chez tous au traitement de plusieurs maladies qui, sans cela, seroient incurables.*

Le titre de cet opuscule en annonce la division, et excite la curiosité du lecteur. La première partie est un paradoxe qu'il s'attend à trouver soutenu par la force du raisonnement; la seconde partie annonce de grandes découvertes médicales; elles doivent être prouvées par l'observation et par des expériences non équivoques. La réputation de l'auteur ajoute encore à l'espérance, et, malgré tout cela, le lecteur est déçu; ce mémoire étant fort mince sous tous les rapports, pour ne rien dire de plus.

L'auteur fait remonter à la haute antiquité l'usage de tondre les chevaux : et quand Noë même auroit tondu ceux qu'il renferma dans l'arche, qu'est-ce que cela prouveroit? La chronologie des erreurs de l'espèce humaine se perd dans la nuit des temps, tandis que la vérité et les découvertes utiles naissent lentement de siècle en siècle, à la suite de la tardive

expérience, fille du besoin, du malheur, du génie et du hazard. M. Noyez pourroit s'être trompé sur l'ancienneté de l'opération qu'il préconise; pourquoi a-t-il négligé de citer une seule autorité à l'appui de son opinion? S'il avoit daigné mettre sa mémoire à contribution, il se seroit rappelé les chevaux du soleil à crins et à crinières d'or, les crinières flottantes des chevaux de l'Iliade et de l'Enéide. *Densa juba, et dextro jactata recumbit in armo.* VIRG. Homère surtout se plaît à orner les chevaux de ses héros de crinières longues et ondoyantes, et nous apprend quels soins on y donnoit. Achille soulageoit sa douleur par les jeux qu'il faisoit célébrer en l'honneur des mânes de Patrocle: « Fils d'Atrée, et vous Grecs belli-
» queux..... je ne participerai point à ces
» jeux, ni mes coursiers invincibles, après la
» perte qu'ils ont faite d'un écuyer dont l'ha-
» bileté égaloit la douceur, qui *souvent ver-*
» *soit sur leur crinière des flots d'huile lui-*
» *sante,* après l'avoir purifiée avec l'onde lim-
» pide: ils le regrettent en ce moment, et
» *debout, la tête penchée, et leur crinière*
» *répandue sur le sable;* ils sont immobiles,
» pénétrés d'une morne tristesse.... »

« Mérion est le cinquième qui, pour cette
» course, a préparé des chevaux *brillans par*
» *leur crinière....* »

« La poussière élevée sous leurs pas, comme
» un nuage ou un tourbillon, s'arrête dans les
» airs; *leurs longues crinières flottent aban-*
» *données aux vents.*

Antiloque devance Ménélas par ruse : « Quoi-
» qu'il soit d'abord resté en arrière tout l'in-
» tervalle que parcourt un disque, il l'a bien-
» tôt atteint, la jument d'Agamemnon, Oeté,
» *à l'éclatante crinière*, ayant redoublé sa
» noble ardeur. » Iliad. XXIII; traduct. de BITAUBÉ.

A ces citations, qu'il seroit facile de multiplier jusqu'à satiété, on peut ajouter des preuves moins éloignées, plus fortes et plus irrécusables; ce sont les lois et les codes des nations : « L'emploi des crins, pour différens
» usages (dit Reynier (1), seroit un indice de
» celui de couper la queue des chevaux, si
» nous ne voyions pas que ce retranchement
» est indiqué dans les codes des peuples de
» la Germanie, comme une déformation de
» l'animal, que les lois devoient punir (2).
» Le code seul de la loi salique ajoute la
» clause : sans le consentement du proprié-
» taire (3). " Dans le code lombard, la loi punissoit d'une amende de trois couronnes, pour avoir battu une servante, et l'avoir fait avorter; mais l'amende étoit de six couronnes, pour avoir arraché les poils de la barbe d'un autre, ou les crins de la queue de son cheval (Essai sur la chevalerie, trad. de l'angl.

(1) De l'économie publique et rurale des Celtes, des Germains, et autres peuples du nord et du centre de l'Europe; pag. 510; Genève chez J. J. Paschoud, 1818.

(2) Lindemb. lex alam., tit. 70, §§. 2, 3, 4. Lex wisig., c. 8, tit. 4, §. 3.

(3) Idem lex sal., tit. 40, §. 15. Lex alam., tit. 70.

de Charles Jorvis, et inséré dans le tome III des Variétés littéraires). Et, pour se persuader que l'usage de dénuer les gros animaux de leurs poils, n'est pas antique, ne suffiroit-il pas de réfléchir que la tonte doit être postérieure à l'invention des ciseaux, forces, ou instrumens analogues, et que la laine même s'arrachoit aux brebis (d'où l'on a dit *vellera*, toisons, de *vellere*, arracher), comme on le pratique encore à présent pour les poils de lapin, pour le duvet des oies, etc. On ne sauroit regarder comme autorité ancienne le nom de Végèce que M. Noyez cite d'une manière vague; cet auteur vivoit dans le 14.e siècle. Il a recommandé le pansement de main, comme tous ceux qui ont écrit avant lui, et ceux qui lui sont postérieurs; mais de son temps, on ne s'étoit pas encore avisé de tondre les chevaux pour abréger le pansement. S'il avoit eu connoissance d'une pareille manœuvre, il se seroit élevé contre elle avec force, lui qui, ne voulant pas même qu'on fasse les poils aux jambes, ne permet de les couper que lorsqu'une affection maladive le nécessite; *nunquam itaque, nisi necessitas passionis exegerit, de articulis resecandi sunt circi. Naturale enim ornamentum* etc. (Mulomed. lib. I, cap. LVI). Il condamne encore ceux qui mettent la crinière courte, soit aux chevaux de trait, soit à ceux de main; *quæ res licet præstare creditur augmentum, tamen sub onesto fessore deformis est* (ibid.); et conseille, au contraire, quand elle flotte à droite et à gauche, quand elle est double, *quod si bicomis fuerit*, de l'égaliser en coupant l'extrémité des crins, et de la laisser subsister des deux côtés.

Si M. Noyez a négligé les citations, il s'entoure de probabilités, s'appuie de preuves morales, et conclut « que la toute des solipèdes (1), tenus dans un état de domesticité, étant un moyen que l'homme *a su* » *au besoin* mettre en usage, doit compter » nécessairement à la suite d'autres pratiques » *également avantageuses*, comme la ferrure, » l'application des différens harnois, etc. » On fait beaucoup trop d'honneur à l'espèce humaine en affirmant qu'il suffise qu'il y ait utilité, pour que la chose soit trouvée au besoin; car, dans cette supposition, les sciences et les arts n'auroient jamais eu d'enfance. D'ailleurs, cette assertion présente dans ce cas, entr'autres, un dilemme assez embarrassant : si la tonte des solipèdes *compte à la suite de la ferrure*, ou l'homme n'a pas *su* la mettre en *usage au besoin*, ou ce n'est pas le *besoin* qui l'a fait mettre en usage; car pendant combien de siècles les chevaux n'ont-ils pas plié sous le poids des fardeaux, avant qu'une main hardie ou téméraire se soit avisée de garnir leurs pieds de barres de fer recourbées, et de les y fixer

(1) Quoique M. Noyez emploie la dénomination générique, il ne faut entendre que des chevaux; car il ne dit pas un mot des ânes, qui sont aussi solipèdes, ou monodactyles.

en y enfonçant à coups de marteaux, de longs et de nombreux cloux ? Ce seroit par trop abuser du raisonnement, que vouloir faire remonter l'usage de tondre à l'époque où, pour la première fois, la guérison d'un accident, ou d'une plaie, nécessita l'enlèvement d'une portion de poils. Les barbiers auroient plus de droits de faire remonter l'origine de leur état aux temps héroïques, et de prendre le centaure Chiron, ou Machaon tout au moins, pour l'inventeur de leur métier, parce qu'il dut souvent avoir besoin de couper des cheveux et des poils pour panser les Grecs blessés au siége de Troie. C'est par inadvertance, sans doute, qu'on appelle des noms de *pratiques également avantageuses*, les métiers de sellier, bourrelier, maréchal ferrant, et l'action de peler un cheval. C'est par inadvertance encore, je pense, qu'on place l'invention de la ferrure avant celle des harnois, comme si l'on avoit ferré les chevaux avant de savoir s'en servir.

Les raisons physiologiques et les motifs d'hygiène, énoncés à l'appui de la tonte, sont d'un intérêt plus grand et plus vrai, qu'une discussion frivole et inutile sur l'ancienneté de cette opération. Le sentiment de M. Noyez, étayé désormais par l'observation, devient plus spécieux; examinons s'il est plus juste.

1) Les chevaux (dit cet auteur) ont le poil plus long et plus fourré en hiver.

2) Ils suent avec plus de facilité, non-seulement au travail, mais encore dans l'écurie.

3) L'atmosphère saturée de vapeurs aqueuses ne dessèche pas le poil, qui reste imbibé d'humidité vingt-quatre, et même soixante heures de suite.

4) De là une plus grande difficulté du pansement de main ; à quoi il faut ajouter le peu de temps que les animaux ont pour prendre leurs repas ; les alternatives fréquentes de chaud et de froid ; les giboulées pendant l'hiver, dans les climats chauds, et la paresse des domestiques.

1) *Longueur des poils.* Il est vrai que les chevaux prennent en automne un poil plus long et plus fourré, qu'on nomme poil d'hiver ; mais cette observation prouve contre l'avis de l'auteur ; car, pourquoi les dépouiller de ce poil, qu'une couverture ne sauroit remplacer dès les oreilles à la queue, du moins pendant le travail et avec les harnois, en laissant même hors de compte la sujétion et la dépense ?

2) *Sueur plus grande en hiver.* Tout homme qui se souvient qu'il y a une différence de température entre la chaleur accablante des jours caniculaires, et le froid piquant des fortes gelées, sait bien par expérience, qu'on transpire beaucoup plus en été qu'en hiver. Les premières et les plus simples notions de physiologie, ou la plus légère teinture de physique, suffisent pour en connoître la cause. C'est en économie animale le fait le plus avéré et le mieux connu. Il n'est peut-être pas un livre à l'usage de la médecine, qu'on ne pût citer à l'appui de cette vérité. Parmi les auteurs qui se sont occupés

plus particulièrement de ce sujet, il suffiroit d'extraire le passage suivant du docteur Arbuthnot: « La transpiration égale à peine en » Angleterre toutes les autres évacuations, et » celle de l'été est près du double de celle de » l'hiver; au lieu que dans l'air de Padoue » elle est toute l'année aux autres évacuations, » comme 5 à 3, et peut-être dans les pays » chauds la proportion est encore plus grande, » etc. » (Essai sur les effets de l'air sur le corps humain, pag. 63 de la traduction françoise.)— « L'effet du froid sur la peau ne se borne pas » à resserrer les fibres et à diminuer la sensi- » bilité. L'on comprend que tous les pores » exhalans de la transpiration seront plus ou » moins fermés par le froid, et que l'humeur » excrémentitielle de cette transpiration devra » être refoulée à l'intérieur.» (Dict. des sciences médicales, tome XVII, art. Froid, pag. 65.)— « Les effets généraux du froid modéré sont » de diminuer le volume des corps et leur ex- » pansion; de modérer et de diminuer l'éva- » poration cutanée, sans la supprimer; de sti- » muler légèrement la fibre organique, et » d'augmenter sa contraction sur toute la sur- » face du corps, et par-là d'affermir tout le » corps; d'augmenter la force et l'effet des » fibres musculaires, sans diminuer la souplesse » des membres, et, par conséquent, d'ac- » croître l'agilité des mouvemens. » (Ibid. tome I, art. Air, pag. 260.) — Je pourrois citer presqu'en entier l'excellente dissertation de Sauvages, couronnée par l'académie de Bordeaux, *sur les différentes manières dont l'air, suivant ses différentes qualités, agit sur le corps humain, in-4.°, Bordeaux 1754.* A quoi bon multiplier les citations? Cette théorie (*la propriété tonique d'un froid modéré, et conséquemment la diminution de la transpiration*) porte avec soi la preuve et la conviction; mais quand on seroit Pirrhonien outré, ou plus septique encore, on ne pourroit résister aux preuves de Sanctorius, dont les expériences ont été faites dans des balances, et prouvées par la balance. En vain objecteroit-on que la sueur et la transpiration sont bien différentes: la différence n'est que du plus au moins, et dans les effets. Oseroit-on invoquer l'expérience? J'en appelle à tous les cochers, charretiers, etc., c'est-à-dire, à l'expérience: Il n'en est pas un qui ne regardât comme une plaisanterie la demande si les chevaux suent plus facilement quand il fait froid que quand il fait chaud. Cette assertion de M. Noyez, qui prétend que la transpiration est plus abondante en hiver, est l'idée la plus paradoxale qui puisse entrer dans la tête d'un vétérinaire, qui est d'ailleurs comme l'homme du Pirée dont parle Horace (*cæterea sanus*). Les époques où les chevaux suent plus facilement, sont celle de la mue, au printemps et en automne; et celle où ils suent plus abondamment, est pendant les grandes chaleurs de l'été.

3) *L'atmosphère est en hiver saturée de vapeurs aqueuses, etc.* C'est l'opinion commune; et les premiers témoignages des sens

semblent l'autoriser. Il en devient plus important de prouver ce qu'il y a d'erronné dans cette assertion. Une erreur, pour être adoptée généralement, n'est pas moins une erreur; elle n'en est que plus nuisible. Quand l'atmosphère est saturée de vapeurs aqueuses, il est certain qu'elle ne dessèche pas le poil mouillé par la sueur ; c'est physiquement impossible ; elle mouille, au contraire, et humecte tous les corps, la glace même. Mais quand l'atmosphère est-elle ainsi saturée? Lorsqu'une couche épaisse de brouillards denses en occupe la région la plus basse. C'est ce qu'on voit assez souvent en automne; quelquefois au printemps, et rarement dans les autres saisons. Il est d'autant moins vrai que l'atmosphère soit constamment humide pendant l'hiver, qu'au contraire elle est presque habituellement froide et sèche pendant cette saison ; et l'air a acquis alors la plus grande capacité à dissoudre (1) l'humeur de la transpiration. Kaw et Glotter ont spécialement insisté sur l'eau que le contact de la peau dépose à la surface des

---

(1) Le célèbre Leroi de Montpellier a cru, d'après les expériences qu'il a faites, que l'air dissolvoit l'eau parfaitement; c'est-à-dire, à la manière dont un menstrue dissout la substance qui lui est soumise. C'est l'opinion de Fourcroi; et Bertholet pense qu'une portion du gaz aqueux est réellement dissoute dans l'atmosphère. Cependant cette opinion n'est pas généralement admise : la plupart des physiciens et des chimistes pensent que l'eau, sous forme gazeuse, est dissoute dans l'air comme un gaz dissout un gaz congénère; qu'elle s'y incorpore; qu'elle y est dans un état de suspension parfaite.

glaces, et ont remarqué que l'air la dissolvoit promptement.... Le savant chimiste dont le nom sera à jamais un titre pour la France, a observé et expliqué cette propriété dissolvante de l'atmosphère pendant l'hiver : « Lorsque » l'air de l'hiver, quoique très-bas dans sa » température, à 10 ou 15 degrés — 0, est » extrêmement sec, dense et agité, à mesure » qu'il touche la peau, il lui enlève beaucoup » de calorique, il s'échauffe à sa surface, il » devient un dissolvant d'eau doublement actif » par son état sec, et par son élévation de » température : il enlève donc d'autant plus » de transpiration qu'il est plus renouvelé, » mu avec plus de vitesse. Aussi dans un hiver » froid, sec et venteux, cet état si dissolvant » de l'air, sensible même à la manière dont il » évapore et dessèche la terre, les pavés, la » surface des bâtimens, vaporise et enlève tant » d'eau à la peau, qu'elle se dessèche, se fen- » dille, se gerce, s'enlève en écailles ; que le » corps fait une très-grande perte ; qu'en rai- » son des besoins de réparation, les forces » digestives et l'appétit croissent rapidement » dans les sujets sains et robustes; que l'urine » est épaisse et trouble ; que les humeurs s'é- » paississent et deviennent visqueuses, dispo- » sées à l'inflammation. » (Fourcroi, Système des connoissances chimiques, §. 8, ordre 3, article 5.)

L'opinion du chimiste françois pourra paroître trop absolue, et aura pour contradicteurs des physiologistes, des médecins et des physiciens : les premiers trouveront la cause de l'augmentation de l'appétit et des forces digestives, pendant l'hiver, dans la convergence des forces, l'augmention de la tonicité, le stimulus exercé par le froid, la proportion d'oxigène relativement plus grande lorsque l'air est plus dense, etc. : les médecins attribueront à la diminution de la transpiration, au rétrécissement des pores exhalans, au ralentissement de la circulation lympathique dans le tissu cutané, et à l'irritation de la peau par le froid, les gerçures, les affections dartreuses et autres analogues, etc. : les physiciens enfin, prouveront que l'augmentation de la température de l'atmosphère augmente la vaporisation, et *vice versâ*.

Les expériences du savant De Saussure serviront à résoudre la difficulté qui naît de ces apparentes contradictions. On ne peut se tromper en suivant un pareil guide.

« La chaleur de l'air augmente sa force dis-
» solvante (§. 196) au-dessous du terme de
» congélation tout comme au-dessus ; plus l'air
» est froid, plus il est promptement saturé par
» les vapeurs...., d'où il s'en suit que, toutes
» choses égales d'ailleurs, l'évaporation est
» d'autant moins grande que le froid est plus
» grand. » (§. 252).

Mais, en revanche : « Quand l'air est rare,
» il dissout une moins grande quantité de va-
» peurs que quand il est dense (§. 220). Les
» vents favorisent fort le dessèchement (§. 195) :
» ils augmentent l'évaporation, et l'augmentent

» d'autant plus qu'ils sont secs et violens. » (§. 255. Théorie de l'évaporation, 3.e essai.)

On doit distinguer l'humidité positive de l'air d'avec son humidité apparente, soit la disposition plus ou moins grande qu'il a de se dessaisir des vapeurs dont il est chargé. Trompé par l'apparence, le vulgaire pense que le froid rend l'atmosphère humide ; c'est cependant tout le contraire. Le physicien De Saussure nous en fournira encore la preuve et l'explication : « Comment, dans le refroidissement » de l'air, le froid fait-il paroître tant d'hu- » midité ? C'est qu'il rend visibles et, pour » ainsi dire, palpables les vapeurs que l'air » renfermoit. Lorsque la chaleur les mainte- » noit sous forme d'un fluide élastique, elles » étoient transparentes comme l'air, et n'af- » fectoient point nos organes différemment » que l'air lui-même ; mais condensées par le » froid, elles impriment à nos corps la sensa- » tion de l'humidité, et se montrent à nos » yeux sous forme de vésicules grossières, qui » troublent la transparence de l'air. » (§, 234. Ouvrage cité.)

Il est constant que, quand l'air est froid, il évapore moins promptement, quoiqu'ayant plus de capacité d'humidité. Mais cette objection, toute vraie qu'elle est relativement à des corps froids, devient nulle par rapport aux animaux à sang chaud. Aussi Fourcroi considère-t il la modification qu'éprouve l'air mis en contact avec la surface de la peau : *L'air sec, dense et agité s'échauffe à la surface de la peau, et devient un dissolvant d'eau doublement actif par son état sec et par son élévation de température.*

L'air doit être considéré, pendant l'hiver, comme froid et sec, ou comme froid et humide, si on l'envisage comme pouvant nuire; car, s'il est chaud, sa capacité dissolvante devient indifférente pour la santé des animaux qui sont en sueur. L'air froid et sec fait marcher l'hygromètre aux degrés élevés de sécheresse; c'est lui qui contient le moins d'eau; c'est le plus dense, et celui qui pèse le plus sur le baromètre, tant à cause de sa condensation, qu'à cause de sa sécheresse (Observations sur les variations du baromètre, par M. De Luc); et si l'évaporation y est moins forte à raison du froid, elle s'y fait à raison de sa sécheresse et de sa densité. L'air froid et humide est, à la vérité, le moins propre à sécher un animal mouillé de sueur, parce que sa force dissolvante est très-foible, tant à raison du peu de calorique patent, que parce que l'eau qu'il contient y est presqu'en totalité à l'état libre. Mais cet air n'est jamais assez froid pour être nuisible à l'animal en mouvement; car le grand froid ne permettroit pas à l'eau qui le rend humide d'y rester en suspension. Dans ces deux suppositions le danger est nul, ou du moins bien moindre que M. Noyez semble le craindre.

Il est un terme moyen, pourroit-on dire, entre la température froide et sèche, qui ne nuit pas, parce qu'elle n'est pas humide, et la température froide et humide, qui n'est pas nuisible, parce qu'elle n'est pas assez froide. Cela est vrai ; mais considérer l'hiver sous ce rapport, c'est prendre quelques momens fugaces pour la température habituelle d'une saison. Au surplus, la diminution de chaleur de l'atmosphère n'en augmente pas l'humidité dans une proportion relative ; tant s'en faut. C'est encore le savant De Saussure qui en fournira la preuve. Cet observateur partit des bords du lac de Genève pour les hauteurs des Alpes le 19 Juillet, et revint le 9 Août suivant. Pendant ce voyage il fit journellement une série d'observations hygrométriques, thermométriques et barométriques, qu'il multiplia et varia, tant sous le rapport de la diversité de température, que sous celui de la différence d'élévation du sol. (Voyez la fin de la 3.e partie de son Traité de l'évaporation.)

Je diviserai en deux séries cette suite d'observations : dans l'une seront placées les variations hygrométriques correspondant aux observations où le thermomètre s'est le plus élevé ; dans l'autre seront les degrés qu'a marqués l'hygromètre, lorsque le baromètre a été le plus bas. Le baromètre est celui de Réaumur, et dix est l'unité des fractions.

MAXIMUM D'ÉLÉVATION DU THERMOMÈTRE.				MAXIMUM D'ABAISSEMENT DU THERMOMÈTRE.			
Numéros des Observations.	Degrés de l'Hygromètre.	Thermomètre au-dessus de o	État du Ciel.	Numéros des Observations.	Degrés de l'Hygromètre.	Thermomètre au-dessous de o	État du Ciel.
2	68, 5	19, »	Soleil.	24	86, 7	5, 6	Clair.
3	70, 2	18, »	Soleil.	25	96, 4	5, 3	Clair.
5	67, »	17, 5	Couvert.	27	99, 4	3, 7	Soleil.
45	44, 4	19, 7	Soleil.	28	100, 5	3, 6	Soleil.
44	41, 2	20, 2	Couvert.	51	96, 3	4, 5	Soleil.
68	73, 6	17, 7	Clair.	39	97, »	5, 6	Clair.
72	69, 9	17, 3	Clair.	41	98, »	4, 2	Clair.
73	68, 7	17, 7	Clair.	40	98, 5	4. »	Clair.
88	77, »	17, 7	Couvert.	60	100, 5	5, 5	Clair.
102	63, 7	18, »	Soleil.	76	95, 5	5, 1	Soleil.
106	76, 7	17, »	Soleil.	97	96, »	5, 2	Calme.
Moyenne	65, 5	18, 2		Moyenne	96, 8	4, 6	

Ces vingt-deux observations réunissant à la fois, et à nombre égal, toutes celles où le thermomètre a été le plus bas, dès 5,6. à 3,3. —o, et toutes celles où il a été le plus élevé, depuis 17 jusqu'à 20,2, sans qu'il y ait eu pendant ces observations ni pluie, ni brouillard, on s'aperçoit facilement que lorsque le thermomètre est à $18\frac{2}{10}$, l'hygromètre étant à $65\frac{5}{10}$, celui-ci doit aller bien au-dessus de $96\frac{8}{10}$, quand le thermomètre descend à $4\frac{6}{10}$, s'il étoit vrai que l'atmosphère devînt humide en proportion de ce qu'elle se refroidit; C. Q. F. P. 4,6 : 18,2 :: 65,5 : 259,1. 259,1 : 96,8 :: 2,7 : 1 par approximation, il s'ensuit que l'élévation de l'hygromètre, au lieu d'être dans la proportion relative à l'abaissement du thermomètre, se trouve, au contraire, dans une proportion inverse, approximativement comme deux et trois quarts sont à un. Il n'est donc pas vrai que l'atmosphère, quoique plus sèche quand il fait chaud, doive être considérée comme humide, lorsqu'elle est froide.

Il est impossible qu'un cheval mis à l'abri, et jouissant d'une bonne santé, reste soixante heures avant que son poil mouillé de sueur, soit sec. Il ne faut, au contraire, qu'une heure ou deux pour cela, et souvent moins de demi-heure. Quand le contraire arrive, il y a convergence des forces, et froid à la périphérie; ou bien, il y a continuation de sueur, soit par excitation des forces, et avec chaleur (sueur d'expression), soit par foiblesse, et sans chaleur (sueur collicative). Ces cas sont les préludes, ou déjà les symptômes de maladies très-graves.

4) *Pansement de main difficile, giboulées, etc.* Pour ce qui est d'un peu plus de difficulté dans le pansement de main, et du peu de temps que les chevaux ont pour prendre leurs repas en hiver, toute objection seroit oiseuse: *paresse! paresse!*

Quant aux alternatives de chaud et de froid, et aux giboulées, il me semble entendre un médecin des vallées des Alpes donner des avis à une Dame *Comme-il-faut* de son village. Mais supposons ces robustes alpicoles plus robustes encore, plus endurcis, et vivant nus comme les chevaux, sans s'être jamais servi d'aucune espèce d'habillemens : si un médecin venoit leur conseiller sérieusement de se raser les cheveux et les poils, et de porter une lanière de toile flottante le long du dos, pour se préserver des suppressions de transpiration, des giboulées, etc., on douteroit du bon sens du docteur, et le curé du lieu lui répondroit gravement, en tournant le dos : *Vale, naviga Anticyras.*

Je veux accéder encore à tous les motifs allégués en faveur de la tonte, et n'y opposer que les inconvéniens qui en sont inséparables; cette opération n'en paroîtra pas moins ridicule et préjudiciable : il faut pendant deux à trois jours (c'est M. Noyez lui-même qui l'exige) laver l'animal tondu avec de l'eau acidulée et salée, et le faire deux fois par jour, avec l'attention que le lavage soit tiède, s'il fait froid.

Il faut tenir l'animal couvert plusieurs jours de suite, s'il ne fait pas chaud, etc.; « et si on ne prend » ces précautions, la peau se crispe, se gerce, » se couvre çà et là de boutons, de croûtes, » et le poil n'y pousse pas de long-temps ; les » animaux deviennent quelquefois languissans; » ils maigrissent, et il est survenu à certains » des maladies psoriques et autres très-dange- » reuses. » Quelle affreuse litanie! s'écrieroit un Don Diego. Quelle source féconde de maux! diroit tout propriétaire sensé. J'ai cependant transcrit mot à mot le prôneur de la tonte, de cette tonte par laquelle il prétend parer à de prétendus iuconvéniens, pour courir la chance de toute cette Iliade de maux. On allègue la paresse des domestiques : sont-ils donc tous paresseux? D'ailleurs, quel sera le propriétaire raisonnable, qui croira pouvoir compter, pour tous les soins qu'exige cette opération, sur la personne à laquelle il ne peut, il ne doit pas se fier pour un coup d'étrille! Il faut sans doute moins de précautions s'il fait chaud, parce qu'il y a moins de dangers à craindre ; mais doit-on compter pour rien les mouches arrivant en essaims, et les boutons, les ulcérations, etc., qui en sont la suite? Ne peut-il pas se développer des insolations, des endurcissemens douloureux, squameux, pustuleux, érysipélateux, et même phlegmoneux? Une couverture, dira-t-on, remédie à tous ces inconvéniens : il est à peu près impossible qu'un cheval, quand il est aux pâturages, puisse être couvert dès la tête jusqu'à l'extrémité des cuisses; et il est impraticable de l'affubler ainsi sous les harnois. Et puis, à quoi servira cette couverture, s'il fait une pluie d'une heure seulement? A tenir sur la peau, mise à nu par la tonte, un corps mouillé et froid, beaucoup plus dangereux que le poil mouillé, parce que la couverture se chargera de plus d'eau que le poil, et que, par son mouvement et ses ondulations, elle ramène sans cesse une nouvelle fraîcheur sur la peau dénuée; tandis que, si l'animal n'étoit pas tondu, il se trouveroit un milieu de température entre l'extrémité des poils sur lesquels la pluie tombe en glissant, et la surface chaude de la peau. Et puisqu'il s'agit de préserver du froid, pourquoi dépouiller l'animal de sa couverture naturelle, pour lui en subsistuer une factice, qui ne sera jamais aussi bien ajustée? Ajoutez plutôt celle-ci à l'autre.

Si ce sont les inconvéniens de la sueur qui déterminent à tondre, pourquoi couper les poils précisément sur les parties du corps où elle est la moins abondante, et où elle offre moins d'inconvéniens, vu qu'elle ne s'y arrête pas, mais coule aux parties déclives? C'est à la partie interne des fesses, aux flancs, aux parties latérales et inférieures de l'encolure, au poitrail, que les chevaux commencent à suer, et où ils suent plus abondamment; c'est sous le ventre et sur les jambes que la sueur coule. Pour être conséquent, ce seroit donc ces parties qu'il faudroit tondre, tandis que M. Noyez conseille tout le contraire. On pourroit au moins, en le pratiquant ainsi, s'appuyer de l'autorité d'un habile professeur d'hippiatrique, qui affirme que le peu de mouvement des épaules (défaut ou maladie que les écuyers appellent épaules froides, et épaules chevillées) n'a point son siége dans les muscles qui servent à mouvoir les premiers rayons des extrémités, mais dans les articulations des membres devenues douloureuses, parce que la sueur est coulée sur ces parties, s'y est refroidie, etc. (Cours d'hip. par Lafosse, in-fol., pag. 267).

Enfin on cite pour preuve de l'utilité de la tonte des solipèdes, l'usage de tondre les chevaux de trait, devenu général dans tous les pays chauds. Les chevaux de trait ne suffisent pas pour prouver pour les solipèdes; mais pourquoi généraliser une coutume restreinte à quelques parties du Languedoc, de la Provence et lieux voisins, pour quelques chevaux de trait seulement? Pourquoi faire de cette partie de la France la moitié de l'univers? Pourquoi citer pour exemple, et donner pour règle générale, la paresse de quelques muletiers espagnols?

Il me semble que j'ai assez prouvé que la tonte des grands animaux est un abus, considérée sous le rapport de l'hygiène. J'ai dû opposer de nombreuses et, je crois, de fortes raisons, à l'opinion de M. Noyez; elle est d'une grande considération; j'ai eu à me défendre moi-même de son influence. J'ai voulu, j'ai dû m'abstenir de tout ce qui auroit pu passer pour critique, ou qui ne m'a pas paru nécessaire. J'ai donc, entr'autres, passé sous silence l'étonnement où m'a mis l'assertion que les chevaux des pays froids ont le poil plus ras et plus fin que ceux des pays chauds ; assertion de laquelle j'aurois pu cependant tirer une conséquence défavorable à l'opinion de l'auteur. Je n'ai pas été moins surpris de lire au bas de la page 270 : « Les chevaux d'Espagne » sont plus rarement tondus que les nôtres, » j'entends ceux de trait et de labour (1), à » moins qu'ils ne soient de quelque harras » bas et aquatique. Les chevaux de selle ne » le sont jamais. . . . » ; et cela, après avoir lu sur le même feuillet, au côté opposé (pag. 269) : « Les Espagnols font tondre plus souvent » que nous ; aussi leurs animaux (ce sont leurs » chevaux, je crois, que l'on veut dire) jouis- » sent-ils de beaucoup de vigueur. . . . »

La seconde partie du mémoire de M. Noyez est étrangère à la première. Elle appartient entièrement à la pathologie, et à la thérapeutique, et n'offre au lecteur, *fût-il un jeune élève*, ni instruction, ni intérêt.

---

(1) Il est, en vérité, bien difficile d'entendre. A-t-on voulu dire qu'il n'y a parmi les chevaux françois que *ceux* de trait et de labour qui soient plus rarement tondus que *ceux* d'Espagne ? Cela supposeroit que les chevaux de main françois se tondent beaucoup plus généralement que *ceux* d'Espagne ; mais en France on ne tond pas les chevaux de main. Ou bien, doit-on entendre qu'il n'y a en Espagne que les chevaux de trait et de labour qui soient plus rarement tondus que les chevaux de France ? Cela feroit croire que les Espagnols tondent tous leurs chevaux de main, si on ne trouvoit, dans la phrase qui suit immédiatement, l'assertion que les Espagnols ne tondent que les chevaux de trait.

POST SCRIPTUM.

C'EST la réponse de ce berger qui m'a mis, malgré moi, la plume en main; et c'est à vous, mes collègues, que j'adresserai ces dernières lignes; vous tous, qui savez de combien d'amertume est abreuvé l'exercice de la médecine vétérinaire. J'étois l'année passée à une campagne peu distante de Genève; le propriétaire m'accompagna dans l'étable aux vaches, dont plusieurs étoient déjà tondues. Agriculteur très-instruit, et président de....., il me questionne sur l'utilité de la tonte; je la condamne; le berger en exalte les avantages, s'appuie de raisons, dont la moins absurde étoit qu'un long poil boit le sang pendant l'hiver, invoque l'expérience de vingt-six ans de pratique, et offre, pour preuve, l'état vraiment prospère du troupeau confié à ses soins. « Dis-moi, mon brave ami, manges-tu davantage à présent que tu as trente-cinq ans, et que la moitié de ta vie est passée, que lorsque tu n'avois que dix-huit ans, et qu'il te falloit de la nourriture pour vivre et pour croître? Le poil que tu coupes maintenant se trouve être précisément ce que tu es avec tes trente ans passés; il a toute sa croissance; et celui qui croit peut se comparer à ce que tu étois à dix-huit ans. » --- « Oh! oh! est-ce des raisons, cela? » --- « As-tu vu des moines? » --- « Oui. » --- « Gros et gras? » --- « Oh pour ça! oui. » --- « Eh bien, si on te disoit que la tonsure qu'ils ont au sommet de la tête est ce qui leur donne cet excès d'embonpoint, le croirois-tu? » --- « C'est le bon pain, le bon vin, et le rien-faire qui les engraissent. » --- « C'est aussi le bon fourrage et le repos, qui engraissent tes vaches, et non pas l'espèce de tonsure que tu leur fais sur le dos. » --- « Mais, Monsieur, il y a quelquefois des bêtes qui sont long-temps malades, puis elles pèlent, le poil pousse de nouveau, et elles sont d'abord refaites. Vous pouvez bien le croire, parce que c'est vrai comme je le dis.» -- «Elles pèlent parce qu'elles ont été malades; puis la santé revient, le poil pousse, et elles reprennent de l'embonpoint. C'est le retour de la santé qui a ramené l'embonpoint et le beau poil.» --- «Ce que Monsieur dit pourroit être vrai; cependant c'est une très-bonne chose que de tondre les vaches; cela se fait toujours dans le pays-d'en-haut, et partout. J'ai toujours vu que mes vaches s'en trouvoient bien; et ce n'est pas dès hier que je suis berger.» --- «*Experto crede Roberto*», me dit à demi-voix M. le président, en se rapprochant de moi, la tête inclinée, et en me frappant bénévolement de la main sur l'épaule, avec un sourire protecteur. --- «Dis-moi encore, mon ami, n'a t-on jamais jeté des sorts sur tes vaches? Ne t'est-il jamais arrivé qu'on ait écrêmé leur lait, pendant qu'il étoit encore dans les mamelles, de façon qu'elles n'avoient qu'un lait clair, avec lequel tu ne pouvois fromager gras?» --- » Oh! oui, Monsieur; pour cela, c'est bien vrai; une fois, c'étoit..... --- «Tais-toi», dit le président. --- «Mais il y a des bergers qui savent..... --- «Tais-tois, imbécile», reprit vivement le président, en frappant du pied en terre. -- «Doucement, Monsieur, dis-je à mon tour, *experto crede Roberto.*» --- Ainsi finit la conversation que je viens de rapporter avec une vérité digne de l'histoire. Dix mois s'étoient écoulés; je ne pensois plus ni *au poil qui boit le sang des bêtes*, ni à la manière brusque dont M.*** partit, et me laissa avec son berger, lorsque nous nous trouvâmes réunis à l'assemblée du dernier trimestre annuel d'une société littéraire et agricole. «Avez-vous lu cela? me dit-il, en me présentant le volume des annales de la société de médecine de Montpellier, où est inséré le mémoire de M. Noyez. Il y a là de l'*experto* auquel il vous seroit difficile de répondre par des persiflages. Qu'en pensez-vous ?» --- « Que je ne voudrois pas en être l'auteur. » --- « La réponse est tranchante ; moi, je fais beaucoup de cas de ce mémoire. » --- « Et moi, je pense, que si le sujet vous étoit mieux connu, vous porteriez sur cette brochure un tout autre jugement. » Et M. *** de défendre son opinion par des expressions que j'ai oubliées.

Tant de fiel entre-t-il dans l'âme des *savans!*

Mais j'ai dû accepter un défi ; la tache est remplie ; et, pour dernier mot, je prens l'épigraphe de cette brochure.

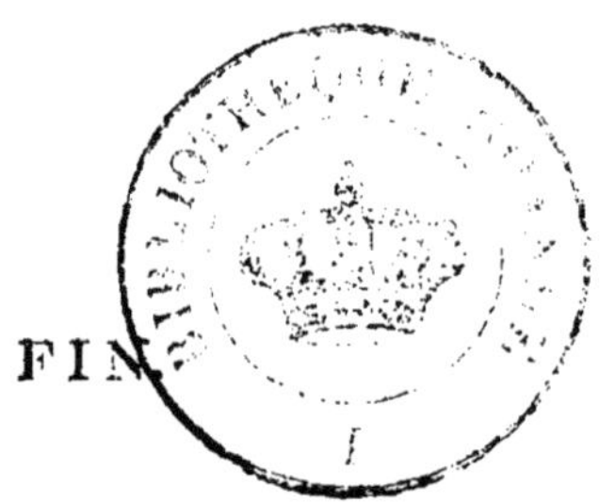

FIN.

www.ingramcontent.com/pod-product-compliance
Ingram Content Group UK Ltd.
Pitfield, Milton Keynes, MK11 3LW, UK
UKHW021528260726
13993UKWH00004B/1879